LA
GALILÉE

FEUILLETS DÉTACHÉS

D'UN CARNET DE VOYAGE

PAR

ATH. COQUEREL FILS

Pasteur Aumônier

AVEC UN PORTRAIT

PARIS

LIBRAIRIE SANDOZ ET FISCHBACHER

33, RUE DE SEINE, 33

1878

LIBRAIRIE SANDOZ ET FISCHBACHER

33, rue de Seine, Paris

PRINCIPAUX OUVRAGES D'ATHANASE COQUEREL FILS

Des Beaux-Arts en Italie au point de vue religieux. Lettres écrites de Rome, Naples, Pise, etc., et suivies d'un appendice sur l'iconographie de l'Immaculée Conception. 1 vol. in-12. 1857 .... 3 fr. 50

La Conscience et la Foi. In-12. 1867 .... 2 fr. 50

Les Églises et l'Esprit. Dernier discours prononcé le 27 juin 1875 dans la salle Saint-André. In-18 .... 50 c.

Les Forçats pour la foi. Etude historique. 1 vol. in-12. 1866 .... 3 fr. 50

Histoire du Credo. 1 vol. in-12. 1868 .... 2 fr. 50

Jean Calas et sa famille. Étude historique d'après les documents originaux, suivie de pièces justificatives et des lettres de la

LA

GALILÉE

PARIS. — TYPOGRAPHIE TOLMER ET ISIDOR JOSEPH
rue du Four-Saint-Germain, 43.

Massonneau fecit d'après une photographie.

LA
GALILÉE

FEUILLETS DÉTACHÉS

D'UN CARNET DE VOYAGE

PAR

ATH. COQUEREL FILS

Pasteur Aumônier

AVEC UN PORTRAIT

PARIS

LIBRAIRIE SANDOZ ET FISCHBACHER

33, RUE DE SEINE, 33

—

1878

Ce travail, rédigé par M. le pasteur Athanase Coquerel fils, au retour d'un voyage en Palestine, a été publié, partiellement, par la *Revue des Deux-Mondes*, le 15 septembre 1870. Nous le rétablissons ici, dans son intégrité, d'après le manuscrit laissé par l'auteur.

LA GALILÉE

UN MOT D'INTRODUCTION

Fontenelle, dans son *Éloge de Tournefort*,
explique ce qu'il entend par un excellent
voyageur ; c'est, dit-il, celui « en qui se
trouvent, et une curiosité fort étendue, qui
est assez rare, et un certain don de bien voir
qui est plus rare encore. » Ce don, les voyageurs dont le récit va suivre ne prétendent
pas l'avoir reçu ; mais quant à ce grand fond
de curiosité qu'exigeait le spirituel acadé-
micien, ils osent s'en dire amplement pour-
vus. Chez l'un d'entre eux, cette curiosité

1.

était même une passion fort ancienne et longtemps malheureuse.

Il y a quelque trente ans, un savant professeur, qui avait l'esprit un peu minutieux, mais du reste justement aimé et vénéré par ses élèves, mit au concours parmi eux un Mémoire sur la *Topographie de Jérusalem antique*. Malheureusement il ne pouvait songer à envoyer les concurrents étudier sur place leur sujet. Un d'entre eux se procura de côté ou d'autre force livres où la question d'archéologie, d'histoire et surtout de voyage, était traitée à tous les points de vue. En les lisant, il s'éprit de l'Orient et se promit bien de visiter la Palestine dès qu'il le pourrait. La modeste chambre de l'étudiant se peupla d'images orientales, Toutes les splendeurs de l'Asie, son climat enflammé, les féeries de son architecture et de ses jardins, ses religions rivales aux brillantes légendes, les étranges aventures, les armes étincelantes de pierreries, le costume mystérieux des femmes, les contes des *Mille et une Nuits*, les fables du Koran, les merveil-

leuses poésies des prophètes et des psaimis-
tes, le profane et le sacré, passaient et repas-
saient devant son imagination ravie. Chateau-
briand l'éblouit d'abord par la magie de ses
tableaux et l'appareil fastueux de son érudi-
tion de seconde main. Lady Esther Stanhope
lui paraissait bien folle dans sa retraite de
Djouni lorsqu'elle prédisait à M. de Lamar-
tine, poëte et député, qu'il gouvernerait un jour
la France; on était en 1840. Les vieux péleri-
nages intéressaient souvent notre étudiant,
et en particulier celui d'un certain bourgeois
de Paris, au XVI° siècle, qui vit en Palestine
la terre rouge dont Adam fut fait et le premier cep de vigne planté par Noé. Les
Allemands lui offraient une science véritable, mais l'Américain Robinson dépassait
tous ses prédécesseurs par l'étendue des
recherches, la précision des résultats et l'es
prit critique le plus exercé.

Faite et refaite avec amour, la thèse sur la
Topographie de Jérusalem, laissa son auteur
plus impatient que jamais de voir un jour
ce qu'il avait essayé de décrire à l'avance.

Il répétait souvent deux vers de Catulle, qu'il trouvait les plus beaux du monde :

Ad claras Asiæ volemus urbes ;
Jam mens prætrepidans aret vagari.

« Volons vers les villes illustres de l'Asie ; nos âmes frémissantes d'impatience brûlent de les parcourir. »

Longtemps, des devoirs impérieux rendirent impossible cette excursion tant désirée. Mais des études continuelles sur la Bible ramenaient la pensée au même point. Des essais de traduction de l'Ecriture firent sentir mieux encore la nécessité de connaître, au moins de vue, le sol de l'antique Syrie, ses cieux ardents et quelque chose de ses mœurs.

Peu à peu cependant la chaîne s'allongea et l'Orient se laissa entrevoir de loin par degrés. Venise et les environs de Naples (Ravello, par exemple) donnèrent une première notion de l'architecture sarrazine, par les emprunts forcés que lui avaient fait les Italiens du moyen âge. La Hongrie montra au voyageur, en pleine Europe, un ancien avant-poste de l'Orient, reconnaissable encore à bien des traits. En Espagne, la mosquée de Cordoue, l'Alcazar de Séville, Grenade et l'Alhambra lui firent prendre parti, religion à part, pour les Maures civilisés, artistes et poëtes pleins de goût et de séve, contre les rudes chevaliers chrétiens et leur barbare cortége d'inquisiteurs.

Plus tard encore, l'Algérie et la grande Kabylie du Jurjura rapidement parcourue, lui firent entrevoir le monde Levantin, étrangement altéré cependant, à demi sauvage et à demi-français. Enfin, bien des années après, il vit Athènes et Constantinople. C'était beaucoup; mais ce n'était pas encore cette Jérusalem que Pline le Naturaliste, tout païen qu'il était, déclarait déjà « la plus fameuse, et de beaucoup, entre toutes les villes non-seulement de Judée, mais de tout l'Orient ». Ce n'était pas surtout cette Galilée toute remplie, non de reliques et de prétendus lieux-saints, mais des souvenirs touchants de la vie de Jésus, de cette nature

tant aimée à laquelle il a emprunté de ravis-
santes et simples images.

Le voyage, plusieurs fois projeté et presque entrepris, échoua une dernière fois au
printemps de 1869, pour s'accomplir enfin
dans l'automne de cette même année. Il fallait se hâter; l'étudiant de 1840 était averti
par ses cheveux gris que les courses lointai-
nes ne lui seraient pas longtemps permises.
Trois amis se réunirent à lui. Le 28 août, *le
Menzaleh*, bateau à vapeur des messageries,
les emporta enfin vers les pays du soleil; il est
vrai que ce ne fut pas sans mettre à une dernière épreuve leur persévérance. Huit tubes
de la machine crevèrent l'un après l'autre à
l'heure même du départ; il fallut quatre
heures pour les réparer avant de sortir du
port. Des Romains superstitieux eussent vu
là un avertissement du sort, et peut-être
auraient-ils reculé. Aucun de nos voyageurs
n'y eût consenti et n'y songea.

On détache ici quelques pages de leurs
carnets, retranchant souvent, ajoutant
beaucoup, mais laissant partout percer l'im-

pression reçue, tout à fait sincère et libre. Le lecteur n'a point affaire ici à des pèlerins résolus à tout croire, ni à des sceptiques enclins à tout dénigrer, mais à des esprits affranchis et convaincus tout à la fois, désirant toujours apprendre, voir, réformer au besoin leur opinion, reconnaître partout le vrai, et le dire sans réticence.

I

COUP D'ŒIL D'ENSEMBLE SUR LA GALILÉE

Si l'on m'avait demandé, avant mon départ, de quelle partie de mon voyage j'attendais le plus, j'aurais nommé, sans hésiter, la Galilée; et, résultat assez rare, si depuis mon retour, je devais dire ce qui m'a le plus vivement intéressé, ce qui a le mieux répondu à mon attente, c'est encore la Galilée que je désignerais.

Ce petit pays est, historiquement et physiquement, l'intermédiaire naturel entre la Judée et le Liban, ou plutôt entre la Judée et le reste du monde, puisque la Palestine, bornée à l'Occident par la Méditerranée, n'a eu pendant des siècles pour proche voisin, au sud et à l'est, que le désert. C'est par le nord qu'elle était en contact direct avec d'autres nationalités. On peut dire de la Galilée qu'elle était une fenêtre ouverte sur le monde intérieur, chose suspecte et déplaisante aux vrais Orientaux.

La nature est différente du nord au sud, dans la terre de Canaan. Les collines galiléennes n'ont pas les gorges profondes du Liban, où quelque courant d'eau s'est creusé un lit tapissé d'une végétation exubérante ; mais elles ont à leurs pieds, et dans leurs flancs, des bassins ou plateaux de verdure inconnus dans le midi : on a comparé ces collines à des racines que le mont Hermon, comme un grand et vieux chêne, enverrait au loin vers l'Ouest et la mer. Elles sont bien moins arides et pierreuses que la Judée.

Le nom de la contrée est un vestige du mépris qu'avait pour elle l'Israélite exclusif, fier de la pureté immaculée de sa race et de son orthodoxie. Pour lui seul était réservé, comme un titre d'honneur, le mot *peuple* (ham) ; le reste des hommes était dédaigneusement appelé *les nations* (goyim). La province qui touchait au monde païen était dite le district ou cercle des païens (Ghelîl haggoyim) et, par abréviation, le district, Ghelîl, la Galilée. Pendant longtemps les vieilles Églises chrétiennes de Palestine eurent un vestibule analogue au *parvis des Gentils* dans le temple juif; on l'appelait la Galilée.

Il est certain que les habitants avaient de nombreuses relations avec les idolâtres. Salomon cède une partie de la contrée à son allié Hiram, roi de Tyr; il s'y trouvait vingt villes ou villages; ce fut ce qu'on nommait la *Rognure* (Caboul). Il est certain aussi que les quatre tribus du nord, Nephtali, Asser, Issachar, Zabulon, demeurèrent étrangères à la plupart des événements de l'histoire nationale, s'allièrent souvent aux Phéniciens ou aux populations mixtes du Liban et furent sans cesse envahies par des armées étrangères, tantôt hostiles, tantôt traversant le territoire sans le dévaster. Quand la Samarie fut devenue hérétique et ennemie des Juifs, elle sépara, comme une large barrière, la Galilée de l'ancien royaume de Juda.

Il était difficile que les gens de ce pays devinssent jamais exclusifs et méprisants comme les vrais et purs Israélites, qui les traitaient de fort haut.

Le nom de la Galilée, celui du petit village galiléen de Nazareth, d'où *rien de bon ne pouvait sortir,* étaient honnis d'avance par l'orgueil héréditaire, à la fois orthodoxe et théocratique, des Pharisiens (*séparatistes*) qui se glorifiaient de vivre *séparés* des profanes. Ce n'est nullement par un concours fortuit de circonstances que le christianisme apparut en Galilée, ni que Jésus de Nazareth fut crucifié à Jérusalem. Le judaïsme mêlé malgré lui, par la conquête romaine et l'unité de l'empire, à l'histoire du monde, en était venu à sentir de plus en plus douloureusement la contradiction absurde de ses deux doctrines essentielles : « un seul Dieu pour tous, mais un seul peuple, privilégié éternellement par le Dieu de tous ». Les uns se raidissaient contre la lumière qui effaçait leur gloire et anéantissait leur monopole ; c'étaient les Pharisiens, les docteurs de la

loi, les prêtres de Jérusalem, sectaires pas-
sionnés et aveugles. D'autres, surtout parmi
les Galiléens, avaient l'esprit et le cœur moins
rétrécis ; ar les préjugés et l'orgueil spirituel.
Évidemment, si jamais l'antique monothéisme
juif devait s'ouvrir comme une fleur épanouie
ou un fruit mûr, pour verser, à grands flots,
sur l'humanité des parfums vivifiants et les
semences de l'avenir, c'était par la seule Galilée que pouvait et devait s'opérer cette
transformation féconde.

Dans ces terres septentrionales, ni la race,
ni le culte, ni la langue ne furent jamais
exempts de mélange. A Jérusalem, une femme
du peuple reconnaissait à son accent saint
Pierre pour un Galiléen et le soupçonnait
aussitôt d'être un adepte de Jésus le Nazaréen. Ce nom de Nazaréen est encore celui
par lequel Juifs et Musulmans désignent, de
nos jours, les chrétiens; épithète peut-être
malveillante, mais qui, historiquement, n'est
pas sans portée.

Nous avons cherché péniblement en Judée,
et surtout dans Jérusalem elle-même, les

traces de Jésus-Christ. Ce que les moines Franciscains et la tradition, recueillie ou développée par eux, montrent de monuments historiques est presque toujours d'une fausseté criante qui froisse la raison et révolte la conscience. Tout y est précisé et rapetissé dans un esprit d'étroite dévotion, de crédulité mesquine. En Galilée, au contraire, les monuments qui rappellent Jésus sont ces montagnes, ce vaste lac, ces arbres, ces fleurs qui lui ont prêté tant d'emblèmes charmants, et de paraboles pleines de vie. Cette nature qui, pour lui, était le voile transparent de la présence et de la bonté divine, ou plutôt la révélation personnelle et vivante du Père, cette immortelle nature n'a rien perdu de sa puissance ni de sa poésie. Tandis qu'à Jérusalem quelques oliviers et des rochers innombrables sont tout ce qu'on voit, arbres au terne feuillage et pierres que le soleil a lentement brunies, la Galilée, plus fraîche, a des collines arrondies, sans angles durs ni aigus, des herbes hautes et épaisses, des eaux vives, les unes courantes, les autres

2.

souvent agitées par de grands coups de vent.
Les animaux mêmes, renards et aigles ou
petits oiseaux, le ciel empourpré du couchant, tout y rappelle les paraboles du
Nazaréen. Parce qu'il était un vrai fils de la
nature, en communion perpétuelle avec ses
beautés et ses forces, il a été reconnu d'autant plus facilement, plus réellement, pour
fils de Dieu. Il fut élevé dans une région
intermédiaire entre le monde juif, trop fermé,
et les croyances mystérieuses, mais païennes,
sensuelles et confuses, dont le Liban est encore aujourd'hui et fut de tout temps le berceau. Cette contrée nous donnera lieu de faire
des observations, peut-être utiles, sur la
sucession de cultes divers dans un même
milieu et sur leurs emprunts réciproques.

II

BANIAS

Le Liban a toujours été, de mémoire d'homme, et ne cesse pas d'être, pour ses propres habitants ou ceux des contrées qu'il domine, une montagne sacrée. Il abonde en sites étrangement pittoresques, où la vive imagination des anciens indigènes, saisie par le spectacle sublime de la nature, avait érigé des sanctuaires. Ces *lieux saints* ont appartenu tour à tour, ou même simultanément, à des cultes très-divers et souvent ennemis. Quoique le sentiment pieux des montagnards s'y soit formulé en dogmes différents ou opposés, et que traduisaient des rites inconciliables ou hostiles, tous s'accordaient à reconnaître dans les beautés grandioses de telle ou telle localité, charmante ou terrible, un caractère mystérieux et divin.

Les voyageurs venus du nord sont déjà familiarisés avec les étroites gorges et les cimes arrondies du Liban et de l'Anti-Liban ; avec les superstitions qui s'y sont développées et maintenues. C'est cependant, même pour eux, un exemple très-remarquable de ce genre de sanctuaire que celui de Banias, à l'extrémité septentrionale de la Galilée. La Syrie n'offre guère de paysages aussi singuliers ni aussi beaux. On y embrasse d'un coup d'œil une vaste plaine allongée dont l'extrémité la plus lointaine et la plus basse est occupée par les marais et le lac de Houléh, appelés dans la Bible les *Eaux de Mérom*. Au nord, cette plaine est fermée, comme d'une longue muraille, par les derniers contreforts de l'Hermon ; mais ce mur naturel est brusquement divisé par deux déchirures perpendiculaires, si rapprochées l'une de l'autre qu'il ne reste, debout entre deux profonds ravins, qu'un cône, haut de trois cents mètres au moins et couronné du château fort de Soubeibeh. C'est au pied de ce cône que Banias est bâtie, sur une terrasse naturelle d'où l'on découvre toute la contrée jusqu'aux ruines élevées de Hounîn. Cette terrasse est partout découpée et arrosée par des filets d'eau qui tombent en cascades ; elle est ombragée par des chênes et de vieux oliviers entremêlés d'aubépines et de myrtes.

Le village actuel a un aspect étrange, une quarantaine de maisons basses et carrées s'échelonnent sur les rochers, et presque toutes portent, sur leur toit plat, un *gourbi* rougeâtre bâti en branchages morts, juché comme sur des échasses et où la famille se réfugie pendant les nuits d'été pour échapper non-seulement à l'étouffante atmosphère de l'intérieur, mais surtout aux scorpions, aux centipèdes, aux insectes innombrables qui, pendant la saison chaude, y fourmillent. Chaque cabane ressemble de loin à un schako qui porte au côté une aigrette.

C'est la beauté de ce lieu, qu'un voyageur fort éclairé (M. Stanley, doyen de Westminster) appelle *presque un Tivoli syrien,* qui donna naissance à l'antique ville de Banias. Il est probable, comme l'a fait remarquer l'illustre savant américain Robinson, qu'avant même l'invasion du pays de Canaan par les Israélites, cet endroit avait été consacré à un des dieux appelés *Baalim*, soit sous le nom de Baal-Gad (Maître ou Dieu de la Fortune, identifié par les uns avec Jupiter et par d'autres avec Vénus), soit sous celui de Baal-Hermon (Maître ou Dieu de l'Hermon), qui est cité plusieurs fois dans le livre de Josué ; il était naturel qu'au moment de s'élever sur les premières pentes de la chaine, le voyageur cherchât à se rendre propice le redoutable dieu qui régnait sur cette belle et haute montagne. C'était un acte de convenance et de piété en même temps qu'une précaution prudente.

Ce point intermédiaire entre les hauteurs des grandes chaînes et la région relativement basse de Galilée et de Judée fut la limite septentrionale des conquêtes de Josué, et, par conséquent, du territoire israélite. Ce fut aussi plus tard la limite des excursions d'un

autre Josué qui allait, de lieu en lieu, faisant
du bien. On sait que les deux noms de Josué
et de Jésus sont identiques, le premier en
hébreu, le second dans le langage à demi
grec, à demi araméen, du Nouveau Testament. Pour la race juive et la religion de
Moïse, Banias est le point extrême de la
Terre-Sainte; pour les Syriens de toutes les
époques, la *Terre-Sainte* comprend néces-
sairement le Liban tout entier. Pour nous,
c'est là un mot qu'il vaudrait mieux aban-
donner ; toute la terre est sainte, puisque
partout sont possibles et obligatoires le progrès et le dévouement, c'est-à-dire le service
de Dieu et des hommes, et puisque la conscience et l'aspiration à l'infini n'ont rien de
commun avec les délimitations géographiques.
D'ailleurs, toute terre, où, comme dans le
Liban, l'homme a longtemps cherché Dieu,
fût-ce en s'égarant parfois dans les religions
les plus funestes ou les plus folles, garde un
caractère historique particulier, digne d'intérêt, d'étude, même de respect ; car, là, notre
nature a pris son essor et déployé, avec plus

ou moins de succès et de hardiesse, quelques-unes de ses plus mystérieuses et plus nobles facultés.

Il paraît que les Grecs, venus en Syrie à la suite d'Alexandre, furent frappés de l'aspect pittoresque de Banias ; ils s'émurent surtout en trouvant dans la paroi du rocher qui domine la ville une grotte assez profonde, d'où s'écoule une source abondante ; ils se rappelèrent alors les cavernes semblables de leur patrie, consacrées par leurs pères à la divinité des sites agrestes, le dieu Pan, soit au pied de l'Acropole athénienne, soit en mille autres lieux. On lit encore sur la face du rocher, à gauche de l'entrée de la caverne, deux inscriptions grecques en l'honneur de la divinité nationale. C'est une caverne assez vaste dans le flanc d'un grand banc de calcaire à reflets bleuâtres et rougeâtres. La source sort plus bas, à travers des amas de petites pierres ; elle est limpide et puissante, mais se divise bientôt, abritée sous des touffes épaisses de menthe, de ronces. de roseaux épais qui servent de refuge à des merles nombreux. En ces climats, partout où l'eau ne cesse de couler, la vie abonde.

Pendant bien des siècles, la grotte et la source de Banias furent fameuses ; des superstitions locales s'y établirent ; des supercheries de prêtres exploitèrent avec succès la crédulité des populations. Un miracle périodique s'y accomplissait, comme à Egnatia au temps d'Horace, ou à Naples de nos jours. En certains sacrifices solennels, la victime, à l'instant même où elle recevait le coup mortel, disparaissait miraculeusement dans la source ; le dieu déclarait ainsi avoir pour agréable l'oblation qui lui était faite. C'est ce culte de Pan qui a donné son nom à la ville, appelée Panéas par les écrivains grecs (excepté Josèphe qui en fait *Panium*), et ce mot, par la prononciation des Arabes, est devenu le Banias moderne.

On a toujours considéré la source qui sort de la grotte comme la première origine du Jourdain. Il est cependant plus naturel de regarder le Hasbâny, rivière qui descend de l'Anti-Liban, comme la véritable tête de ce fleuve célèbre dans la légende et dans l'histoire, quoique les deux cours d'eau se ressemblent peu à première vue ; en général, le Hasbâny est aussi trouble que le Jourdain est limpide. Le nom de ce dernier est tout à fait caractéristique : Jordân, en hébreu, signifie *celui qui descend*. L'antiquité ne connaissait aucun fleuve dont la pente générale fût aussi rapide ; et la science moderne n'en a découvert qu'un seul, le Sacramento, en Californie. On dit également que nul autre fleuve n'a un cours aussi sinueux ; la ligne que suit le Jourdain est plus que triplée en longueur par ses détours perpétuels. C'est parce que sa pente est si forte que ses bords sont peu habités, qu'il n'a jamais baigné aucune ville et qu'il baigne à peine quelques rares et chétifs hameaux. Il est cependant la grande, l'unique artère du pays juif ; les Arabes, avec l'enthousiasme de la soif, ne l'appellent que le *Grand Abreuvoir* (Cheriat-el-Kébir).

Après avoir traversé deux lacs (le Houleh et la mer de Tibériade), il descend encore d'un millier de pieds, par vingt-sept *rapides*, jusqu'à la mer Morte ou il disparaît. Le doyen Stanley, après avoir signalé tout ce qu'a d'exceptionnel le cours de ce fleuve, pose une question profonde et la résume : puisque la géographie de la Palestine est tout aussi singulière et spéciale que son histoire, n'est-ce pas à tort qu'on se représente habituellement les deux ordres de faits comme absolument étrangers l'un à l'autre?

Ce qui n'est pas contestable, en tout cas, c'est que la source, réelle ou présumée, d'un fleuve si précieux pour ses riverains devait être, dans l'antiquité païenne, entourée d'honneurs divins et devenir l'objet d'un culte très-important.

Les Romains étaient trop superstitieux pour ne pas suivre avec empressement à cet égard l'exemple des Grecs. Mais leur religion apporta avec elle d'autres préoccupations. Déjà chez eux la naïve adoration de la nature avait fait place aux flatteries les plus éhontées, aux apothéoses impériales, quand Hérode le Grand érigea sur ce même emplacement consacré depuis tant de siècles, un beau

temple en marbre blanc *à César*, c'est-à-dire
à Auguste. Plus tard, un des fils d'Hérode,
Philippe, tétrarque ou souverain de l'Iturée
et de la Trachonite (aujourd'hui le Djeddour
et le Ledja) changea le nom de l'antique cité.
Il l'appela Césarée en l'honneur de Tibère ;
et l'on prit l'habitude de dire Césarée de
Philippe pour la distinguer de Césarée de
Straton (aujourd'hui Kaisariéh sur le bord
de la Méditerranée). Il y avait concurrence
de flagorneries royales à la gloire des Césars.
Mais le nom de Banias ne tarda à pas repa-
raître ; l'hommage imposé au peuple par une
adulation intéressée fut éphémère.

C'est cependant comme Césarée de Philippe
que ce lieu est cité dans les Evangiles. C'est
là, en effet (et le fait étonnera peut-être
quelques lecteurs de ces pages), c'est là que
furent prononcées par Jésus les paroles fameuses qui sont inscrites en lettres d'or sous
la coupole de Saint-Pierre de Rome, et qu'on
chante au Pape quand il entre dans la basilique porté sur la *sedia gestatoria* : « Tu es
Petrus, et super petram hanc ædificabo eccle-

siam meam. » C'est donc à Banias que serait née cette papauté qui depuis dix-huit cents ans n'a cessé de conquérir des prérogatives spirituelles, et qui, en ce moment, achève de se couronner elle-même.

Deux des quatre évangélistes, ceux dont le caractère historique est le plus généralement reconnu, Saint-Marc et Saint-Mathieu, racontent que Jésus s'éloignant un jour du lac de Génézareth, alla jusqu'aux environs de Césarée de Philippe, s'entretenant avec les apôtres en cheminant. Le sujet de leur conversation était en ce moment l'opinion qu'avaient de Jésus ses compatriotes. « Qui dit-on que je suis, moi, le fils de l'homme? » Après avoir entendu diverses réponses à sa question, Jésus demanda aux disciples leur propre pensée. Aussitôt Simon, l'homme de premier mouvement, toujours prêt à prendre la parole, s'écrie, dans un élan d'affection et de foi : « Tu es l'*Oint* (Messie, en hébreu, Christ, en grec), le Fils du Dieu vivant. » Rendant à son disciple titre pour titre et changeant son nom, suivant

un usage fréquent en Asie, Jésus félicite Simon d'avoir compris ce que n'auraient pu lui
apprendre les hommes (la chair et le sang)
mais Dieu seul : « Et moi, ajoute-t-il, je te
dis aussi que tu es Pierre, et sur cette pierre
je bâtirai mon Eglise; les portes de l'enfer ne
prévaudront point contre elle, et je te don-
nerai les clefs du royaume des cieux. » Dans
ce changement de nom il n'y a nullement un
jeu de mots, comme on le répète souvent. Le
mot pierre n'était pas plus un nom propre
quand Simon, fils de Jonas, fut appelé Képhas
(en grec Petros) que Marteau ou Martel, par
exemple, n'était un nom propre et un jeu de
mots quand ce surnom fut donné aux Maccha-
bées ou à Charles, vainqueur des Sarrasins.
Ce sont des noms communs, qui n'avaient
jamais été noms d'hommes quand ils devin-
rent, pour ceux qu'ils servirent à désigner
désormais, des distinctions honorifiques.

Le sens de l'image est des plus simples.
L'Eglise future sera un édifice idéal dont les
pierres vivantes seront les chrétiens, ceux
qui reconnaîtront Jésus pour le Messie, le

Christ ou Fils de Dieu. La première de ces pierres vivantes, c'est-à-dire le premier membre de l'Eglise, sera la première personne qui aura déclaré reconnaître pour tel Jésus-Christ, c'est-à-dire Simon, désormais nommé Pierre en mémoire de cette primauté de date entre toùs les chrétiens. L'emblème des portes et de leurs clefs se retrouve ailleurs, suivant immédiatement comme ici, celui de la première pierre (Livres des Juges et de Josué); la remise des clefs indique dans le symbolisme juif (et dans le nôtre même) l'entier achèvement d'une construction, et l'entrée en possession de l'édifice terminé. Au moment même où le fondateur de l'Eglise en pose la première pierre, il voit s'élever devant sa pensée l'œuvre achevée et il remet les clefs idéales au premier membre de la société nouvelle. C'est par un mal-entendu vulgaire que l'on croit voir le paradis ou le ciel désigné dans les mots : royaume des cieux. C'est le nom caractéristique que Jésus donna toujours à la religion qu'il établissait sur la terre; deux fois seulement les Evangélistes mettent le mot Eglise dans sa bouche ; ce que ses disciples appellent ainsi, il le nomme partout ailleurs le règne de Dieu ou royaume des cieux. Enfin saint Matthieu, qui attribue ici (XVI, 19) à Simon Pierre le pouvoir de « lier et de délier », répète ces mêmes paroles plus loin (XVIII, 18) comme adressées par le Maître, non à un seul, mais à tous ses disciples réunis.

Un a cru voir dans ce titre de roc (Céphas) ou de pierre, accordé à Simon, quelque allusion au fameux rocher de Panéas dans lequel s'ouvre la grotte d'où jaillit le Jourdain. C'est sans doute trop préciser. La Palestine est le pays du monde le plus rocailleux ; les pierres de toutes les dimensions, les roches énormes s'y rencontrent de toutes parts. Il est plus à propos de rappeler le goût tout particulier des habitants de la Syrie pour des pierres de construction aux proportions colossales, l'admiration et l'orgueil que leur inspirait ce genre de luxe et le bon parti qu'avait tiré leur poésie nationale (Ps. 118) de cette particularité de leur architecture. La

première pierre et la pierre de l'angle rappelait au voyageur ces blocs immenses qui font
« la force et l'ornement » des murs de Baalbek,
de la mosquée d'Hébron, de l'angle sud-ouest
des constructions du temple à Jérusalem.
« Maître, disaient les apôtres à Jésus avec
un naïf enthousiasme, regarde quelles pierres
et quelles constructions ! » Le château,
beaucoup plus moderne de Banias ou Soubeibeh, en offre aussi des exemples, quoique
moins étonnants que les premiers. Quiconque
a vu les prodigieuses pierres taillées des
villes antiques de Syrie ne peut s'étonner de
ce genre d'allusions. Cette énormité des matériaux employés rendant les jointures beaucoup plus rares, semblait assurer à un édifice une solidité indestructible.

S'il faut en croire l'historien Eusèbe
(VI, 18), Banias devrait figurer dans les
annales du christianisme non-seulement pour
l'entretien mémorable que nous venons de
rappeler, mais pour un monument chrétien
qui aurait succédé au temple de Pan et d'Auguste. Ce n'était point un sanctuaire, mais

la plus antique représentation publique de Jésus dont l'histoire fasse mention. Selon Eusèbe, ce serait à Banias que Jésus aurait guéri une femme, qui d'abord avait timidement touché le bord de son vêtement (Matth. IX, 20), et le souvenir de ce miracle aurait été célébré par l'érection d'un groupe, ou de deux statues en bronze représentant un homme en long manteau et une femme agenouillée à ses pieds. Ce monument, au dire de Théophane aurait été détruit par l'empereur Julien en haine du Christianisme. Les statues en question ont certainement existé ; Eusèbe les a vues ; et il est fort possible que les chrétiens d'alors en donnassent l'interprétation que l'historien rapporte. Mais il n'est pas rare que le peuple attribue à une effigie dont il a oublié l'origine une signification de pure fantaisie. C'est ainsi que les Romains ignorants, voyant aux coins des rues des images de la Vierge allaitant son enfant et couronnée de la tiare papale, ont rêvé l'histoire scandaleuse d'une papesse Jeanne, crédulement adoptée et enseignée par

maints écrivains catholiques, mais réduite à
néant par la critique érudite et impartiale du
pasteur Blondel au XVIIe siècle. Il est assez
probable que le bronze de Banias devait
représenter une ville conquise ou une province pacifiée aux pieds de son bienfaiteur
ou de son vainqueur. C'est un sujet beaucoup plus flatteur pour le héros du monument que pour la dignité du pays, mais un
sujet très-fréquent dans l'antiquité impériale,
et qui décore de nos jours un des pieds-droits
de l'Arc-de-Triomphe de l'Etoile à Paris.

Du reste, les humiliations de ce genre ne
manquèrent pas à notre petite ville de Syrie.
Hérode Agrippa la dédia à Néron et l'appela
Néronias; Tibère était dépassé! Le monde moderne n'a pas de hontes semblables; avouons
cependant qu'il y a en France une ville dite
jadis la Roche-sur-Yon, qui depuis trois
siècles a changé de nom quatre fois, si ce n'est
cinq, en l'honneur de telle ou telle dynastie.

Aujourd'hui, de tous ces souvenirs des
Romains et des Hérodes, il ne reste qu'un
amas de décombres à l'entrée de la grotte de

Banias ; mais c'est un des points où il pourrait être intéressant d'opérer des fouilles. Il est possible aussi que cette source où l'on faisait disparaître des victimes et où sans doute , selon l'usage romain, on jetait des monnaies et d'autres offrandes, recèle, dans les profondeurs d'où elle jaillit, bien des objets curieux.

Quant au vaste château en ruines qui domine Banias de très-haut, c'est le mieux conservé et le plus grand de toute la Syrie. Bien des voyageurs l'ont cru antique, l'ont même attribué aux Phéniciens ; M. Porter, auteur estimé de plusieurs ouvrages sur cette contrée où il a longtemps vécu, déclare le fait incontestable. Mais il nous paraît beaucoup plus sûr de se contenter, comme M. Renan (*Mission de Phénicie*), de le faire remonter seulement aux Croisés. On sait qu'en 1130 les Sarrasins le prirent aux chrétiens qui le leur reprirent plus d'une fois. En 1165, Noureddin de Damas s'en empara définitivement ; dès lors les Musulmans l'ont toujours possédé ; mais, depuis environ deux siècles, ils l'ont abandonné.

J'emprunte à l'un de mes compagnons de voyage quelques remarques sur l'architecture de cette curieuse et importante forteresse. Elle est double, et bâtie sur deux plateaux irréguliers qui se touchent par un point, en sorte que le plan de l'édifice donne à peu près la forme d'un 8. Quatre tours rondes et des bastions carrés, tous revêtus des bossages en usage dans toute la Syrie, en tous temps, donnent un grand air de force et de durée à la façade. Une précieuse ressource, encore existante et qui survit aux habitants, c'est un grand bassin voûté en ogive dont l'eau est couverte d'un tapis de mousse verte.

Parmi les salles nombreuses, imposantes, mais délabrées, il en est une fort remarquable au point de vue de l'architecture. Chacun des six murs est percé d'une fenêtre en ogive qui, diminuant de largeur dans l'épaisseur du mur, n'est à l'extérieur qu'une meurtrière. L'appareil en rassemble beaucoup à ce que les architectes appellent une *trompe sur le coin, biaise*. Au centre de la salle se dresse un pilier vigoureux à sept faces. Six d'entre elles vont se relier aux six panneaux de mur par des berceaux circulaires ; et ces berceaux, par leurs intersections successives, donnent des demi-circonférences nettement accentuées. Du côté du pilier, la voûte est une *voûte d'arête ;* elle devient, du côté du mur, une voûte en *arc de cloître.* L'effet de cette voûte bizarre est des plus saisissants. Il y avait évidemment parmi les Croisés des constructeurs habiles et hardis ; l'étude de leur œuvre serait utile, malgré la barbarie à jamais regrettable avec laquelle ils ont détruit d'admirables constructions antiques ou musulmanes. Sous ce rapport, même après les travaux de M. de Vogué et d'autres, il reste à faire en Syrie des études pleines d'intérêt. Le château de Soubeibeh tiendra à cet égard un des premiers rangs dans les recherches de la science.

Je ne dirai qu'un mot du tombeau ou *wély* musulman qui s'élève sur la hauteur au-dessus de la ville, et d'où la vue est admirable. C'est une des nombreuses tombes attribuées à El-Khodr, être légendaire qui semble réu-

nir en sa personne le prophète Elie des Juifs
et le saint Georges des catholiques, saint
d'ailleurs fort peu orthodoxe. Ce héros à
demi fantastique, vénéré par les sectateurs
de trois religions fort différentes, est un
exemple encore actuel des mélanges singuliers, des perpétuelles tentatives de syncré-
tisme, ou volontaire ou inconscient, que l'on
rencontre dans ces contrées. Un juif, un
musulman, un catholique vantent chacun son
saint, et il est parfois difficile de démêler
dans un seul de leurs trois récits ce qui
appartient ou non aux deux saints reniés par
celui qui parle, mais réclamés par les deux
autres.

Il me souviendra longtemps de notre départ de Banias. Après une excursion dans la
montagne de Soubeibeh, nous revînmes au
plateau boisé où nos tentes avaient été dressées pour la nuit précédente; ce fut le point
de départ. Un pont enguirlandé de plantes
grimpantes, très-touffues et du plus beau
vert, une fontaine où les habitants venaient
s'approvisionner d'eau, le ravin abrupt

et irrégulier où courait la source grandissante qui allait devenir le Jourdain, un autre pont précédé d'un fortin ou *tête-de-pont*, dans les murs duquel étaient engagés de nombreux fûts de colonne (suivant l'habitude *vandale* des Croisés); en un mot, tout ce qui frappait notre vue au sortir de Césarée de Philippe, était si caractéristique, si pittoresque, rappelait si éloquemment tant de souvenirs divers et accumulés, que nous ne pûmes descendre dans la plaine sans regarder souvent en arrière. Nous avions peine à quitter cet obscur et étrange recoin du monde, limite bizarre et charmante entre la haute contrée des montagnes et le sol classique de l'histoire d'Israël.

Dès qu'on a laissé Banias derrière soi, on est en pleine terre biblique; et dès lors les noms et les lieux rappellent partout au voyageur les faits et les légendes dont l'histoire judaïque est remplie.

III

DE TELL-EL-KADI A SAFED

A travers des bois de jujubiers nous arrivons bientôt à Tell-el-Kadi. Il y avait là, dit-on, dès le temps d'Abraham, une ville bâtie dans le cratère éteint d'un volcan. Ses fondateurs l'appelaient Laïch. Prise par les Hébreux, sous Josué, elle fut allouée à la tribu de Dan et en porta le nom. Ce nom, qui veut dire *juge*, reparaît dans la désignation moderne : Tell-el-Kadi signifie, en arabe, *le tertre du juge*. Un tertre, une source, voilà tout ce qui reste de Laïch.

Ces eaux qui, pendant des siècles, ont abreuvé une cité, ne nourrissent plus que deux arbres magnifiques, un chêne et un frêne. Plus loin, elles forment un petit lac

4.

tout bordé d'un épais fourré de menthe. Considérée comme la seconde source du Jourdain, cette eau est délicieuse de limpidité et de fraîcheur. La tentation de faire une longue halte en ce lieu était grande; mais les nécessités de l'itinéraire adopté pour la journée nous forcèrent à y renoncer.

Il faut s'être senti rôtir ou plutôt calciner à grand feu par le soleil d'Orient, il faut avoir respiré cet air de fournaise, dénué de toute trace d'humidité, pour apprécier la valeur, le charme indicible des eaux courantes sous ce ciel embrasé, sur cette terre dévastée par l'aridité. Mais aussi, que la végétation est splendide au bord d'un de ces cours d'eau! Quelle verdure touffue, à la fois fraîche et foncée, ombreuse et luisante, luxuriante et grasse! De près et de loin, ces plantureux feuillages exercent une attraction presque irrésistible sur le voyageur haletant, lorsque les pierres incandescentes lui brûlent les pieds et lui envoient au visage des réverbérations qui le torréfient. Mille et

mille passages de tous les poëmes et de tous
les livres de l'Asie, du Koran, de la Bible,
où il est fait mention de verdure, d'ombre et
d'eau, restent pâles et vagues pour les
hommes de l'Occident et du Nord qui, une
moitié de l'année au moins, ont la tête dans
le brouillard et les pieds dans la glace ou la
boue. Est-ce une exagération de dire des
poëtes et des orateurs de l'Asie antique,
que leur parole est de feu? N'est-il pas
pitoyable de voir, tantôt des théologiens de
sacristie, tantôt des philosophes de l'école
de Postdam raisonner froidement, sèche-
ment sur les images enflammées, les ardentes
métaphores de ces enfants du soleil, et en
extraire, les uns des dogmes précis, les
autres des sujets d'épigrammes ignares et de
lazzi? Bien des gens, quand ils citent la
Bible ou la traduisent en style moderne,
ressemblent à des artificiers qui, avant de
mettre le feu à leurs pièces, les tremperaient
soigneusement dans l'eau, de peur de se
brûler les doigts. Dieu sait si le digne Le-
maistre de Sacy lui-même a mérité ce re-

proche. Voici, à propos d'eaux vives et d'arbres verts, du soleil ou des astres, d'espérances patriotiques ou de catastrophes nationales, quelque brûlante prosopopée d'un prophète ou d'un apôtre; arrive un savant docteur de Berlin ou d'Édimbourg, un père thomiste ou un jésuite qui déduira pesamment de ces vivants emblèmes, des arguments pour ou contre un dogme scolastique. Ils me rappellent qu'on accusait Marivaux de peser des riens dans des balances de toile d'araignée; mais ils lui empruntent ces balances pour y peser des tisons qui flambent.

Ce qui est beaucoup moins grave, mais quelquefois plaisant, c'est l'embarras de certains littérateurs quand ils trouvent dans un livre anglais une citation biblique que tout le monde comprend au delà de la Manche, mois qui demeure pour eux de l'hébreu. Tell-el-Kadi m'en a rappelé un exemple bizarre. La cité disparue avait été célèbre comme Banias en qualité de ville-frontière; quand on voulait dire : toute la Palestine, on disait : depuis Dan (au Nord) jusqu'à Béersébah (ville de l'extrême sud). Lors de la première vogue des romans de Walter Scott, un traducteur français s'arrêta interdit au moment où le roi Jacques d'Ecosse (dans les *Aventures de Nigel*) dit à maître Heriot, son orfèvre : *On en parlerait depuis Dan jusqu'à Béersébah*, exactement comme il eût dit : *From Johnny O'Groats to Land's End*. Après avoir probablement cherché longtemps ces deux mots sur la carte de la Grande-Bretagne, notre translateur donna hardiment ces termes inconnus pour deux noms de fleuves. Il avait cru reconnaître le Don en la ville de Dan ; il désespéra de Béersébah, plus étrange encore, et en fit un fleuve, par analogie, si bien qu'il traduisit bravement : « On en parlerait depuis le Don jusqu'au Béersébah. »

Le même jour où nous avions vu Tell-el-Kady, nous amena à Hounîn, château du moyen âge dont il reste de grandes salles obscures. Il est admirablement situé sur une éminence. On y prend à rebours la belle vue qui, à Banias, nous avait ravis. Elle n'est pas moins attrayante sous ce nouvel aspect, elle embrasse les marais appelés Ardel-Houleh et tout le nord de la Galilée jusqu'à Soubeibeh. Un bois touffu de chênes verts revêt le penchant de la colline que nous gravîmes ensuite. La vue s'étend toujours plus loin : à nos pieds, une longue vallée verdoyante où serpente le Jourdain, le lac Houlé qui semble une lame d'argent, tout encadrée d'herbes paludéennes ; en arrière, le mont de Banias où le château n'est plus qu'un point blanc ; l'Hermon se dresse sur un plan plus éloigné, l'Antiliban se hérisse de cimes plus en arrière encore ; à gauche, complétant ce merveilleux paysage, les crêtes rosées du Liban.

Ce lieu cependant ne nous retint guère. Nous étions attirés par l'ancien sanctuaire de la tribu de Nephtali, dont le nom même signifie un lieu saint, *Kédès* ou *Kadech*. Nous y vîmes les ruines de deux édifices religieux, probablement juifs, et une plate-forme ou terrasse sur laquelle étaient réunis de nombreux sarcophages. Quelques-uns, chose rare, sont à deux places et ont dû contenir deux cadavres côte à côte, mais séparés par une cloison taillée à même dans le bloc. Cette ville, entourée de, térébinthes, comme au temps de Jahel, la perfide héroïne du livre des Juges, a laissé des vestiges plus considérables qu'aucune autre cité galiléenne. C'était une des villes lévitiques et de refuge; c'est-à-dire, d'une part, un lieu d'habitation pour une partie des familles de Lévites, et de l'autre, un lieu d'asile. Le *vengeur du sang* (Goel), c'est-à-dire le plus proche parent d'un homme assassiné, n'avait pas le droit de poursuivre le meurtrier dans cette enceinte consacrée; institution humaine qui tempérait dans la loi mosaïque les cruautés de la loi du talion.

Il est difficile de décider à quelle époque appartiennent les ruines de Kédès. Des jambages de porte, hauts de vingt pieds, indiquent une construction juive, probablement une synagogue. Cependant des colonnes, des chapiteaux, dérivent de l'art grec ou romain. Ce lieu n'est pas encore assez connu; des fouilles bien dirigées pourraient y donner des résultats importants.

Kédès est célèbre comme la patrie de Barak, le Chôfet (suffète), juge ou plutôt chef militaire , qu'inspirait la prophétesse Déborah. Cette dernière était, comme on le sait, un poëte admirable dont il nous reste un fragment plein d'éclat, et il faut l'avouer, de férocité. Josèphe, l'historien, qui nomme cette ville Cydessa et Kedasa, l'appelle « un village méditerranéen de Tyréens, toujours en guerre avec les Juifs. » Titus s'y retira avec son armée en revenant de Giscala (Djich).

Pendant que nous nous entretenions de ces souvenirs historiques en nous reposant sous les térébinthes, nous étions nous-mêmes en butte à la curiosité éveillée de quelques bergers. C'étaient de jeunes garçons à demi-nus qui, en gardant leurs moutons, filaient de la laine bleue. Le fil s'enroulait sur deux baguettes en croix qui leur servait de quenouille et déteignait sur leurs doigts qui étaient d'un bel indigo. Il semble, en Europe, qu'un homme se déshonorerait ou se rendrait

ridicule s'il s'astreignait à un travail si fémi-
nin ; mais nos rudes adolescents de Kédès
n'avaient assurément rien d'efféminé, et
cette industrie primitive rendait leurs longues
journées de garde moins vides et plus pro-
ductives. Le préjugé, qui, chez nous, interdit
au sexe fort de faire œuvre de ses dix doigts,
n'est-il pas renouvelé des Grecs? Hercule
ne peut filer qu'aux pieds d'Omphale, et encore n'échappe-t-il pas au ridicule, tout
demi-dieu qu'il est. Quant à moi, bizarrerie
de voyageur ou non, je pense que bien des
réunions de famille, des causeries d'amis,
des soirées à la campagne, seraient plus
agréables si les hommes avaient, comme les
femmes, le droit d'occuper leurs mains. Au
moins, quand on tient un crayon, a-t-on un
prétexte pour se taire parfois et même pour
ne pas tout entendre. Que de platitudes de
moins à écouter, hélas ! et à dire peut-être !

Nos jeunes bergers filaient leur laine comme
des matrones de la Rome antique ; mais on
n'eût pu dire d'eux : *domum mansit ;* car
leur domicile est en plein air. Ils étaient

armés ; chacun d'eux, pour protéger ses agneaux et ses chèvres contre les chakals, les hyènes et les oiseaux de proie, portait une fronde à sa ceinture. Partout, en ce pays, les pierres abondent, et nos pâtres, sur notre demande, nous firent juger de leur talent. Lancée de très-loin, la pierre frappait le but avec une précision presque infaillible et une raideur à tout rompre. Un Goliath, malgré sa taille de géant, sa hallebarde et sa grande épée, ferait bien de se défier de ces enfants ; pourvu qu'il eût un casque sans visière, nos pastoureaux de Galilée le tueraient à grande distance ; et il leur suffirait, pour l'attaquer, d'avoir dans leur panetière, comme David, cinq cailloux bien choisis dans le torrent.

Pour nous, Européens, accoutumés à la vie civilisée des grandes villes, et à tout ce qu'elle a de conventionnel, l'existence à demi sauvage de ces enfants de l'Orient était un spectacle qui nous étonnait et nous attirait. Ils ont peu d'idées, ils sont ignorants et grossiers ; mais leur saine virilité se développe largement au sein d'une rude nature. Ils ont beaucoup à nous envier; mais nous ne **pouvions** nous empêcher **de leur** envier aussi **quelque chose** de leur simplicité vigoureuse, de leur agreste liberté. Par la vie supérieure de l'intelligence et de l'âme, à peine sont-ils hommes. Mais nous, dans notre existence fébrile et compliquée, le sommes-nous tout à fait? Où est la vie normale et complète, simple sans inanité, puissante sans surexcitation artificielle? Elle n'est à coup sûr ni dans le tourbillon parisien ni sur les coteaux de Nephtali? Où la chercher?

Pour camper le soir dans un lieu nommé Alma, nous nous élevons rapidement à travers une contrée montagneuse des plus accidentées, longeant des vallées profondes, larges en haut et qui au fond ne sont plus que le lit étroit et tortueux de quelque torrent presque toujours desséché. D'étranges compatriotes nous attendent dans un village nommé Déchôn, dont les toits, au lieu d'être plats, comme partout en Syrie, ont une double pente. Les habitants sont des Algériens qui ont émigré pour ne pas devenir Français cependant, ils savent fort bien nous reconnaître pour de quasi-concitoyens, et en profitent pour mendier. Un de ces quémandeurs nous montre des papiers ; ils sónt français et fort en règle. On y atteste à tous venants que cet homme est noble et a droit au titre héréditaire de chérif. Si noblesse signifie antiquité et race, il est incontestable que tous les souverains d'Europe et leurs courtisans, un Talbot ou un Montmorency, sont des gentils-hommes bien nouveaux en comparaison d'un Cohen juif descendu d'Aaron, ou même d'un portefaix arabe, au turban vert, descendu pár les califes, de Fatmé, la fille de Mahomet.

On nous dit que le nom de Déchôn est une allusion au mot Dag (poisson), et cela en l'honneur de quelques poissons qui nagent en paix dans le bassin d'une source, sans laquelle ce village ne pourrait exister. Si ces poissons ne sont pas l'objet d'un culte idolâtre, ils sont au moins entourés d'une vénération superstitieuse comme si la source dépendait de leur conservation. Il en est de

même pour d'autres poissons qu'on m'a mon
trés près de Constantinople au couvent armé-
nien de Balouklu et qui sont les héros héré-
ditaires d'une légende relative à la prise de
Constantinople par Mahomet II. M. Renan
cite aussi une mosquée près de Tripoli, où
des poissons reçoivent des honneurs presque
religieux, si ce n'est un culte (*Mission Phénic.*,
p. 130). Ce sont là des exemples fort curieux
de pénétration d'une religion par une autre,
puisque voici l'idolâtrie phénicienne repa-
raissant chez des Musulmans, qui sont
en général les plus ardents ennemis de tout
culte rendu à des objets matériels, surtout
vivants.

Les peuples riverains de la Méditerranée
ont longtemps adoré des dieux et surtout
des déesses à demi-poissons comme Dagon,
Astarté ou les Sirènes. Ils n'ont pu entièrement se débarrasser de ces superstitions qu'en-
tretiennent la vie des marins, nécessaire-
ment éloignés de la famille et de la femme,
les longues veilles de la nuit étoilée, le silence
et les bruits mystérieux de grandes mers

calmes, les tumultes effroyables de la tempête et le sentiment d'un immense péril, toujours possible, souvent menaçant. Le culte de la femme absente s'est longtemps mêlé à celui des étoiles qui rassurent et dirigent le nocher, et des poissons qui représentent la vie aquatique ou monotone. La plupart des sanctuaires païens au bord de la mer étaient dédiés autrefois à Dercéto, Atergatis, Astaroth, Aphrodite ou Vénus, tour à tour femme marine ou étoile, et souvent à demi-poisson. Ils sont consacrés presque tous aujourd'hui à la vierge Marie, *étoile de la mer*, Maris Stella. L'image grossière du poisson a disparu ; la femme et l'astre subsistent seuls. Mais nous venons de citer les vestiges encore existants du culte du poisson, soit chez des mahométans, à Tripoli et Déchòn, soit chez des chrétiens à Balouklu.

Le lendemain, une chevauchée de deux heures et demie nous mène à Yaroun. Plantations de figuiers, champs de tabac, travaux des aires, nous montrent une terre cultivée et une population laborieuse. Il est

amusant de voir des enfants de dix à seize ans,
garçons ou filles, debout sur le traîneau de
bois qui dépique le blé, lançant leur cheval
au grand trot dans un cercle perpétuel, et
se tenant fermes, les bras et les jambes rai-
des, sur leur cahotant équipage. On dirait
une course de char antique ; et souvent les
jambes nues, les cheveux au vent, un manteau rouge qui flotte en arrière, donnent au
jeune cultivateur quelque chose d'un héros
grec. Ces traîneaux grossiers sont formés de
planches légèrement cintrées et percées de
trous rectangulaires dans lesquelles on en-
fonce à coups de marteau des morceaux de
basalte semblables à des scories. Ils dépas-
sent le niveau inférieur du bois, et par leur
dureté, par leurs angles saillants, aident à
broyer les gerbes, à déchirer les épis, et en
font jaillir les grains.

Yaroun (*Iron*) possède des ruines importantes, trop peu étudiées jusqu'à présent. A
gauche de notre route s'élèvent trois petites
collines ou mamelons. Le premier porte un
énorme sarcophage renversé sur le flanc,

dans lequel deux ou trois individus s'abri-
taient contre le soleil ; nous y avons vu aussi l'angle sculpté d'un fronton, et une tombe
ou citerne, à ouverture horizontale, ce qui
est extrêmement rare ici ; nous regrettâmes
de ne pouvoir l'explorer. Sur le second ma-
melon est bâti le village moderne. Sur le
troisième sont les restes d'une grande église
grecque et de ses dépendances, probablement
un couvent. Nous distinguons aisément les
trois portes de la façade, les trois nefs et un
triple abside demi-circulaire. Sur le sol gisent
des chapiteaux corinthiens dont chaque face
est ornée d'un emblème différent ; la première
porte une croix grecque ; la deuxième un vase
où boit un oiseau ; la suivante deux pampres
à grosses grappes qui s'élèvent d'un vase ; la
dernière un disque ; est-ce une simple rosace
ou une représentation de l'hostie? Le tout est
fruste et d'ailleurs très-mal sculpté. Non-
seulement l'emplacement de l'église est
jonché de débris, mais tout auprès se trouve
une grande dépression du terrain où abondent des fragments de soffites à comparti-

ments, des tronçons de colonnes, des chapiteaux et des soubassements, ces derniers d'une
forme extrêmement laide et fautive, ils se
rétrécissent considérablement vers le milieu
de leur hauteur, ce qui leur ôte l'apparence
de solidité que doit avoir une base.

Il est à désirer qu'on fasse une étude ap-
profondie de ces vestiges du catholicisme
byzantin ou grec. Le vieux cheik du village,
Heimen-Jousouf, qui nous offre le café dans
sa demeure, se plaint de n'avoir que des vi-
siteurs fort rares. Ce que nous appellerions
son antichambre ou le vestibule de sa maison
sert d'étable à un chameau blanc. La femme
du cheik est coiffée, à la mode du pays, de
deux larges et lourds rouleaux de grosses
monnaies d'argent, qui lui entourent le visage
du front au bas des joues ; son enfant porte
une sorte de casque ou de bonnet uniquement
composé de petites pièces d'or et d'argent
percées d'un trou et cousues les unes aux
autres.

De Yaroun, il nous fallut moins d'une
heure pour arriver à Kefr-Birein, beaucoup

plus connue. On y voit les restes de deux sy-
nagogues qui vraisemblablement datent de
la renaissance juive dont la Galilée fut le
théâtre et qui jette un certain éclat vers le
quatrième siècle après Jésus-Christ. L'un
de ces édifices n'est plus représenté que par
une porte isolée dans la campagne. Elle a la
forme de la lettre grecque Π; le linteau dé-
passe à droite et à gauche les deux jambages.
Ils sont décorés d'ornements sculptés d'un
goût exquis, lesquels montent et descendent
en suivant les contours de la porte, accom-
agnés d'une longue inscription hébraïque.
Nous n'avons pu la déchiffrer; mais il n'est
pas exact qu'elle commence comme on l'a dit
par le mot Chalom, salut ou paix; ce mot
existe, mais dans le cours de l'inscription. Les
arabesques ou guirlandes qui, sur plusieurs
rangs, suivent les contours de la porte, four-
niraient à nos ornementistes des motifs d'une
grande élégance. L'art judaïque, étroite-
ment limité par l'interdiction absolue des
formes humaines ou animales, se montre ici
ingénieux et plein de grâce; il a su inventer

des dessins charmants, tantôt par des entre-
croisements de lignes purement géométri-
ques, tantôt par des formes empruntées avec
goût à la nature végétale. Ce n'est pas toujours, il faut le reconnaître, anéantir l'art
que de l'enfermer dans des limites res-
treintes; l'ornementation juive dont nous
avons ici un exemple est vraiment de l'art.

Non loin de cette porte se trouvent des
chapiteaux singuliers et de mauvais goût. Ils
ont appartenu à des colonnes engagées l'une
dans l'autre, deux à deux, et qui occupaient
probablement une encoignure; le plan du
double fût a la forme bizarre d'un cœur.

Une autre synagogue, beaucoup mieux con-
servée, sert de maison d'habitation. Un vestibule à colonnade précédait la façade; il est
représenté par une seule colonne entière et
de nombreux fragments. La façade subsiste,
percée d'une porte médiane en plein cintre,
de deux portes en Π, décorées différemment,
et de deux niches à frontons triangulaires;
mais ce qui reste de sculpture est bien loin de
l'élégance correcte et de la délicatesse d'orne-

mentation que nous admirions dans les débris de la première synagogue.

Le culte israélite possède encore dans la contrée des sanctuaires dignes d'intérêt. En deux heures de route nous arrivâmes de Kefr-Birein à Meiroun, où nous vîmes non-seulement une porte de synagogue antique analogue aux précédentes, mais un édifice érigé sur la tombe d'un rabbin fameux, Chomrôn, et de son fils. On prétend à tort que celles des deux grands rivaux parmi les docteurs de la loi, peu avant notre ère, Hillel et Chammaï, sont à Meiroun ; on affirme, cependant, qu'elles existent encore et ne sont pas fort éloignées. Celle de Chomrôn est un lieu de pèlerinage très-fréquenté par les Israélites. On ne voit pas les deux tombeaux ; on entre seulement dans une sorte de chapelle qui les précède et où brûlent des lampes funéraires ; attenant à cette salle, est une série de chambres ou logements surmontés de dômes, que la munificence des Juifs tient à la disposition des pèlerins de leur race. Une pratique bizarre se renouvelle tous les ans en

mémoire des saints rabbins enterrés en ce
lieu. A jour fixe, on se réunit en leur honneur et l'on apporte des cachemires de prix,
des robes de soie, de velours, quelquefois
brodées d'argent ou d'or, en un mot, les plus
riches vêtements qu'on peut se procurer.
Après les avoir plongés dans un bain d'huile
on les brûle au-dessus de la tombe dans une
sorte de cheminée en entonnoir (comme
celles des vieilles maisons du Vexin). C'est
une sorte de sacrifice non sanglant, mais,
matériellement, de fort mauvaise odeur, qui
est censé honorer les deux savants morts.

Un usage pieux, beaucoup plus économique,
très-répandu dans tout l'Orient, et connu
même des Romains et des Grecs, c'est celui
d'attacher, soit sur un tombeau, soit à un
arbre sacré, des lambeaux de vêtements, ou,
quelquefois, des fils de laine; nous avons vu
en maint endroit des exemples de ce genre,
depuis certaines tombes d'Alexandrie jusqu'à
un figuier d'Aphka près de la source de l'A-
donis, dans le Liban. En ce dernier endroit
il est très-probable que cette pratique tra-

ditionnelle n'a jamais été interrompue depuis
la plus haute antiquité que l'histoire con-
naisse. N'est-il pas étrange de voir des superstitions semblables se perpétuer, non-seulement de génération en génération, mais de
culte en culte?

Meiroun est peu éloigné de Safed, une des
quatre villes saintes du judaïsme moderne.
Cette dernière n'est nommée ni dans l'Ancien Testament ni dans le Nouveau. Seule, la
Vulgate en fait mention dans le livre de To-
bie; on l'a identifiée cependant, mais sans
preuves, avec la fabuleuse Béthulie de Ju-
dith. Mais on prétend que Jésus l'avait en vue
et peut-être la montra de la main, quand il
dit : « Une ville située sur une montagne ne
peut être cachée. » Il est certain, au moins,
qu'on aperçoit Safed de tous côtés, à de
grandes distances, surtout du lac de Génésareth et de ses rivages.

Bâtie en amphithéâtre, elle a cruellement
souffert en 1837 d'un tremblement de terre.
Les maisons situées le plus haut s'écroulè-
rent tout à coup sur celles qui s'élevaient à

leurs pieds et les effondrèrent ; aussitôt une
véritable avalanche de murs éboulés et de
toits arrachés roula d'étage en étage sur le
flanc de la montagne, renversant tout sur son
passage, accumulant ruines sur ruines, et
écrasant, dît-on, 4,000 personnes de tout âge
et de tout sexe.

La population de Safed est fort peu pittoresque. J'y retrouvai parmi les hommes l'habitude assez singulière qu'ont les Juifs de Pologne de laisser tomber le long de leurs
joues, depuis les tempes jusque sur le cou
deux longues mèches de cheveux souvent
plats et luisants. De plus, les Israélites qui
habitent Safed ne se coiffent pas, comme les
autres Orientaux, du turban, du tarbouch de
drap rouge ou de la simple kouffieh (écharpe
de soie ou de laine qui se drape autour
de la tête et s'attache avec une corde en
couronne). Ils se sont avisés d'emprunter à
l'Europe la plus disgracieuse de ses modes ;
ils portent notre affreux chapeau noir, en
tuyau de poële, rendu plus ridicule par le
contraste de tout le reste du costume,

qui est à peu près levantin. Que'ques-uns, il est vrai, arborent sur leur tête un épais et très-large bonnet de fourrures. Ce qui explique ce mélange d'habillements de l'Orient et de l'Occident, c'est que la population de Safed a fait en Russie et en Pologne un séjour de quelques siècles, et a rapporté d'un climat tout différent des mœurs et des vêtements qui s'accordent mal avec ceux de sa vraie patrie.

IV

LE LAC DE GÉNÉZARETH, TIBÉRIADE
ET CAPERNAUM

J'étais impatient de voir enfin le lac de Tibériade. Je quittai, au point du jour, nos tentes dressées sous de superbes oliviers et je gravis le sommet de la montagne de Safed, couronnée des ruines d'un château fort. L'histoire de cette forteresse est tragique. Construite probablement par les Croisés et défendue par les Templiers, elle fut prise par Saladin après cinq semaines de siége et détruite. Un évêque de Marseille, Benoît, la rebâtit en 1240 ; mais, vingt ans plus tard, le fanatique sultan du Caire, Bibars, la reprit, et malgré une capitulation formelle, massacra jusqu'au dernier les 2,000 chrétiens qui s'étaient rendus à lui; quant à leur chef, il le fit écorcher vif. Les restes de cette citadelle sinistre ont été encore bouleversés par le tremblement de terre dont nous avons parlé plus haut. De cette ruine lugubre, je découvrais le beau pays de Génézareth, le *jardin des princes de Nephtali*, car tel est le sens de ce nom. *Hoc erat in votis!* C'est ce que j'avais si longtemps souhaité de voir. Le lac s'étendait au loin, devant moi; les rayons du soleil levant n'étaient pas encore descendus à cette profondeur; les eaux semblaient d'un gris de plomb, blanchâtres et ternes.

Une descente, par moments difficile, qui dura trois heures, nous amena enfin au rivage. Le paysage s'était élargi à mesure que nous débouchions d'une vallée étroite dans une autre plus spacieuse. Le lac s'était peu à peu animé et coloré. Il déployait sous nos yeux sa couronne de collines, et prenait par degrés la forme d'un vaste trapèze. Arrivés enfin à Tell-Hum, sur le bord même de l'eau, nous la vîmes d'un bleu de ciel limpide et vif, qui réfléchissait, dans tout son

éclat, le beau ciel pur, resplendissant bien
haut au-dessus de nos têtes.

Pendant toute la journée, nous ne fîmes
que longer ces bords fameux et charmants,
tantôt chevauchant sur les galets, tantôt
obligés de serpenter sur un étroit sentier,
en suivant les détours d'une berge élevée.
Vers midi, le bleu du lac s'était changé en
un vert magnifique, à la fois transparent et
foncé. La masse des eaux ressemblait à une
immense émeraude ; le regard plongeait avec
délices dans ses profondeurs lumineuses et
fortement colorées. Quand le soleil cessa
de darder d'aplomb ses rayons sur le lac,
sa couleur changea de nouveau par degrés ;
vers la fin de l'après-midi un bleu indigo
très-sombre, presque opaque, tirant sur le
violet, envahit toute la surface. Lorsque le
soleil disparut, cette même surface prit une
teinte intermédiaire entre le gris et le vert
d'eau, qui rappelait, sans cependant la reproduire, la première nuance du matin. Cette
pâle coloration contrastait avec les montagnes de la rive opposée, toutes flamboyantes

des reflets du couchant. Enfin, la nuit tombée, les eaux parurent d'un bleu noir où brillaient les étoiles et qui me rappelèrent un beau vers de Byron.

And the sheen of their spears was like stars on the sea,
When the blue wave rolls nightly on the deep Galilée.

(Au loin étincelait le fer des javelots,
Comme l'azur mouvant du lac de Galilée,
Abîme transparent, réfléchit dans ses flots
Les mille et mille feux de la nuit étoilée.)

Le lendemain, sous les murs de Tibériade, j'attendis le lever du soleil, devant ma tente, au bord de l'eau. Il allait apparaître en face de moi, au-dessus des collines dont j'étais séparé par la largeur du lac. Déjà une clarté diffuse révélait tous les objets au regard ; mais tout était encore incolore et pâle. Les coteaux qui me dérobaient l'astre étaient surmontés comme d'une haute muraille de nuages très-sombres. Bientôt le haut de ce rideau noir se frangea de blanc, cette bordure s'élargit, devenant plus brillante, comme argentée ; tour à tour elle parut toute dorée, puis elle s'empourpra et se couvrit du rouge le plus ardent. Tout à coup, au milieu de cette pourpre, éclate un vrai brasier ; ce n'est plus de l'or, ni de l'écarlate, c'est du feu. L'instant d'après, ce foyer embrasé lance deux rayons qui jaillissent à droite et à gauche en s'élevant et s'élargissant comme ceux qu'on représente sur le front de Moïse. Ces deux flammes s'écartent, s'étendent en tous sens, en se multipliant, et courent partout allumer l'incendie. Alors du bandeau de nuages noirs, déchirés par mille feux, il ne reste que des lambeaux épars qui roulent étincelants de tous côtés. Derrière moi, les brumes légères de l'Occident se nuancent de reflets roses et orangés. Le lac a passé déjà d'un gris de perle à un blanc presque pur ; mais maintenant il réfléchit comme un miroir profond, ce jaune d'or, ce rouge éblouissant, toute cette braise incandescente, découpé, par les fraîches brises du matin en mille lames qui tremblent et qui scintillent.

J'avais vu des lacs plus vastes, encadrés de montagnes plus hautes et plus fièrement taillées ; le mont Blanc se colorant deux fois au coucher du soleil, au delà du Léman ; le

Pilate et le Righi à l'extrémité du lac des
Quatre-Cantons ; les îles Borromées et les
villas élégantes que baigne le lac de Côme
ou le lac Majeur ; des nappes d'eau charman-
tes, souriant à travers le brouillard dans le
Westmoreland ou au pied des Highlands
écossais ; et enfin, les rives toutes boisées et
les innombrables petites îles vertes des lacs
suédois ; mais rien en ce genre, je l'avoue,
ne m'a autant ravi, ému, que le lac de Génézareth. Etait-ce en moi une illusion due à cette
faculté mystérieuse qui associe les idées aux
choses, et les lie puissamment aux objets, aux
figures, aux lieux qui nous les rappellent ?
Etait-ce la féerie sublime du ciel d'Orient ?
Est-ce réellement la nature à la fois, simple,
gracieuse et imposante de ce beau pays de
Galilée ? Etait-ce enfin tout cela à la fois ?
Je ne sais, mais je puis dire que la beauté délicieuse et sereine du paysage a dépassé tout
ce que j'en espérais.

Il me fut doux d'errer, l'Evangile à la
main, en m'éloignant des murs crénelés de
Tibériade, et de relire à haute voix dans

l'entière solitude, au bruit léger des flots frémissants sur leurs bords, ces paroles souveraines qui ont déjà régénéré l'humanité et qu'elle est encore si éloignée de mettre en pratique. « Bienheureux sont ceux qui pleurent car ils seront consolés ! Bienheureux les pacifiques car ils seront appelés fils de Dieu (1) ! Bienheureux sont ceux qui ont faim et soif de justice, car ils seront rassasiés ! Bienheureux ceux qui sont persécutés pour la justice, car c'est à eux qu'appartient le royaume des cieux ! »

Une de ces déclarations hardies qu'on a nommées les huit *Béatitudes*, et par les-

(1) Avait-on oublié ce mot, quand, en son nom, et pour reconquérir son tombeau vide, on entreprit tant et de si cruelles guerres, souillées par des cruautés et des crimes de toute sorte? c'est ici même, le 11 juillet 1187, que Saladin prit le roi de Jérusalem (Guy de Lusignan) et la vraie croix, dans une affreuse bataille qui dura deux jours, et qu'on appelle tantôt bataille de Tibériade, tantôt de *Hattin* du nom de la montagne (*Keren Hattin*) où, selon la tradition, Jésus aurait prononcé les *Béatitudes*.

quelles le jeune maître proclamait l'avène-
ment de la vérité nouvelle et appelait à lui
ceux qui en devaient établir le règne, me
frappa surtout en ce beau lieu, près duquel elle a été prononcée pour la première
fois. C'est le mot si neuf et si profond : « Bienheureux sont ceux qui ont le cœur pur, car
ils verront Dieu ! » Il voyait Dieu, en effet,
dans cette nature grandiose et riante, l'homme
au cœur pur, le fils pacifique de Dieu, humble
et doux. Il me semblait que sa parole planait
encore sur ces hauteurs lumineuses, sur ces
eaux transparentes qu'il a tant de fois tra-
versées en tout sens. Il me semblait mieux
comprendre dans sa propre patrie ses discours pleins de hardiesse, ses fables familières;
rien n'y sent l'huile de l'école ni la dialectique
artificieuse des rabbins; tout y est imprégné
de lumière et de grand air. Le vent de l'esprit y souffle comme il veut. Chaque grain
qui germe y devient un symbole vivant du
règne de la charité et de la vérité qui s'étend
et grandit inaperçu. L'anémone écarlate y
esplendit dans l'herbage, plus splendidement

vêtue, simple fleur des champs, que ne le fut jamais dans tout son faste ce roi somptueux, dont la proverbiale magnificence n'a pas cessé, même aujourd'hui, d'éblouir tout l'Orient.

Ceux qui ont accusé Jésus de n'être ni artiste ni poëte, comprennent mal les mots dont ils se servent et en rétrécissent la portée; il règne dans ses discours et ses paraboles un sentiment sain et vigoureux des richesses de la nature qu'il avait sous les yeux.

En même temps rien n'y est efféminé. L'air des montagnes n'a rien d'énervant; les senteurs des hautes herbes sont aromatiques et vivifiantes. Rien de mièvre ou de mou dans ce large paysage. Il fallait de l'audace, et beaucoup, pour commencer par saluer et bénir du haut d'une de ces collines tous les persécutés de l'avenir; et pour déclarer à une population fanatique, acharnée à la révolte, s'enivrant de l'espoir d'horribles représailles, que la terre sera un jour l'héritage des débonnaires. Il y a dans ces pensées une si haute sagesse que bien peu de gens l'ont comprise; et il y a aussi une rare énergie.

Celui qui parle ainsi, ira d'un pas ferme démasquer dans Jérusalem, elle-même, les hypocrites, balayer du temple les trafiquants qui font *métier et marchandise* des choses saintes, confondre les scribes, représentants de la lettre, les prêtres, héritiers de la théocratie cléricale, et il se fera crucifier par eux. Je n'admets pas une sorte de dualité en Jésus : naïf et ravissant prophète en Galilée, martyr lugubre et presque fanatique à Jérusalem. C'est ici même, en pleine Galilée, sur une des hauteurs qui entourent ce lac paisible, c'est dès le début et le premier mot de sa mission, qu'il a glorifié les proscrits et les martyrs, et flétri les violences des despotes spirituels. Dès le premier jour, ici même, il a fait vivement ressortir le contraste de sa religion à lui, sans dogmes et sans sacerdoce, avec le mécanisme oppressif, le littéralisme tyrannique de la théocratie officielle. Il était trop libre et trop vivant, en harmonie trop intime avec le Dieu de la nature et de la charité pour ne pas être d'avance armé en guerre contre tous les

pharisaïsmes. Cette guerre là n'a jamais
cessé et n'est pas près de finir. Tous ceux
qui combattent, avec des armes loyales, le
dogmatisme autoritaire et les hypocrisies
officielles, continuent Jésus-Christ; et pour
eux ce doit être une joie, un accroissement de
force et de vie, que de se retremper le courage
et l'esprit dans cette nature aimable et aus-
tère, au sein de laquelle il a grandi, il a
parlé.

Je me rappelai cependant que ces grandes
paroles, dont j'étais tout ému en les relisant
dans l'Evangile, ne peuvent être mot à mot,
syllabe pour syllabe, celles que Jésus a
dites. Il en existe une preuve absolue, incontestable. Le Nouveau Testament est écrit
en grec; or, c'était l'hébreu ou un dia-
lecte araméen que le Nazaréen parlait à ses
compatriotes de Galilée. C'est donc déjà une
traduction, que chacun des mots de l'Evangile. Mais, à vrai dire, il est bon qu'il en
soit ainsi; le fétichisme des mots, la biblio-
latrie des Israélites pour l'Ancien Testament,
et des protestants pour l'Ancien et le Nouveau,

ne sont que des puérilités. C'est revenir à ce culte des lettres et des mots que Jésus lui-même a stigmatisé et raillé chez les scribes. Le littéralisme est en ceci comme en tout insoutenable et impossible; il n'y a de réel, de vivant, que l'esprit.

Un fait d'un autre ordre, me revenait à la mémoire; c'est que le lac de Génésareth et les alentours, ne sont plus, à bien des égards, ce qu'ils étaient au temps de Jésus. Alors, comme on l'a fait observer, ce lac ressemblait beaucoup plus à celui de Côme qui est entouré de maisons de plaisance, de palais habités par les Italiens riches et par nombre d'étrangers.

Les Hérodes y fuyaient en été la chaleur étouffante et l'aridité de Jérusalem, comme les Césars oubliaient à Pouzzoles ou à Baïa l'ardent climat de Rome. Ces princes et leur cour s'étaient érigé en plusieurs endroits des demeures élégantes. Hérode le Grand, qui était homme de goût, quoiqu'il fût un tyran soupçonneux et sans pitié, choisit admirablement le site de Tibériade, et donna à la ville qu'il créait le nom du successeur d'Auguste. Bethsaïda (c'est-à-dire *maison de pêche*) devint Julia, en l'honneur d'une princesse romaine, de honteuse mémoire. Les pêcheries, considérables dès le temps de Josué, au dire des rabbins, ont à peu près cessé d'exister. Je n'ai vu, en vingt-quatre heures, que trois petites voiles blanches sur ces eaux jadis sillonnées sans cesse par les barques des pêcheurs au milieu desquels Jésus vécut et choisit ses premiers disciples. Ces trois voiles brillaient au soleil et diapraient l'uniforme niveau de la mer. Après notre ère, et pendant trois siècles, Tibériade devint le siége d'une célèbre école de théologie juive ; c'est de cette ville que sortirent d'énormes et minutieux travaux, sur le texte hébreu de l'Ancien Testament. Il y eut là pour la cité à demi-payenne d'Hérode une longue célébrité d'orthodoxie légale et savante, ou du moins érudite. Beaucoup plus animé et peuplé que de nos jours, le paysage avait-il en ces temps reculés, plus de charme que ne lui en prêtent aujourd'hui la solitude, le silence et la majesté de souvenirs toujours vivants? On peut en douter.

La ville même de Tibériade est des plus pittoresques. Entourée, comme en plein moyen-âge, d'une ceinture de murailles flanquées de nombreuses tours, elle est assise au bord de l'eau. Les vents, après avoir traversé le large espace, secouent les verts panaches et les régimes de dattes jaunes ou rouges de quelques palmiers qui s'élèvent au-dessus des murs.

Pour construire cette petite ville dans le lieu le plus favorable à la vue, le despote iduméen avait profané un ancien cimetière, au grand scandale des Israélites. Aussi les juifs rigoristes considéraient-ils la ville comme païenne et souillée. Elle n'était guère habitée que par des étrangers, des *Hérodiens*, zélés partisans de la dynastie régnante, ou enfin par des personnes qui ne partageaient pas l'horreur nationale pour la violation et le contact même des tombeaux. C'est peut-être ce qui expilque une circonstance assez singulière : il est souvent parlé de Tibériade dans les évangiles, mais il n'est jamais dit de Jésus qu'il y entra ou en sortit. Sans en conclure qu'il n'y mit jamais le pied, on peut comprendre que ce n'était pas là qu'il devait chercher ses compatriotes auxquels il voulait s'adresser d'abord. Le fait d'une ville habitée à peu près exclusivement par les sectateurs de telle ou telle religion, et évitée par d'autres, est encore commun en Orient.

Ce qui est plus étrange, c'est qu'on cherche [en vain, de nos jours, le lieu que Jésus habitait, ce village de Capharnaüm (Kafr-Nahum, *villaye de Nahum*) dont il est tant question dans les évangiles. Les uns le retrouvent dans Tell-Hum (*le tertre de Hum*), et leurs motifs nous semblaient solides. Mais Khan-el-Miniyeh, où nous avons fait une halte de quelques heures, près de *la fontaine du Figuier* (Aïn-et-Tin) a pour lui la tradition et l'autorité considérable du savant Robinson. A regret, nous suspendons notre jugement, mais non sans reproduire la remarque frappante d'un autre savant, d'un des esprits les plus éclairés et les plus modérés de notre temps, M. Stanley ; seulement nous y insisterons plus vivement peut-être qu'il ne l'a fait : tandis que les diverses églises, grecque, romaine, arménienne ont couvert de marbre et d'or les lieux où, selon elles, Jésus naquit et mourut ; tandis que depuis des siècles, des pèlerins affluent au berceau et au tombeau (réels ou présumés) du Sauveur ; tandis que la possession de ces lieux saints, ou leur délivrance ont occasionné de grandes guerres où tout l'Occident s'est précipité sur l'Orient à maintes reprises ; tandis que les rivalités des Églises à cet égard sont loin d'avoir cessé, n'est-il pas au moins étrange qu'aucune d'entre elles, en aucun temps, ne se soit mise en peine de connaître la localité où ce même Jésus a vécu habituellement pendant la durée de sa vie active et de son enseignement ? Le monde religieux, courbé devant le crucifix par les diverses orthodoxies, absorbé par les miracles que célèbrent les diverses fêtes chrétiennes, a semblé oublier que ce Christ qu'il adorait avait vécu, parlé, enseigné, professé une religion où il s'agissait d'autre chose que de sa naissance, ou de ce qui l'a précédée, et de sa mort, ou de ce qui l'a suivie. Il y a là une négligence naïve et universelle qu'il est utile de constater ; c'est un symptóme de cette maladie générale du monde chrétien qui a consisté à s'occuper beaucoup plus de glorifier le Maître que de lui obéir et de l'imiter. Il est vrai que l'un est plus facile que l'autre.

V

LE THABOR, NAZARETH
ET LE CARMEL.

Le 6 octobre, à 7 heures du matin, après avoir visité les bains chauds, au sud de Tibériade, nous partons pour le Thabor. Nous avons rappelé que les montagnes de Syrie sont en général régulières de forme, arrondies, sans pics aigus ni crêtes déchirées; mais, entre toutes, la plus symétrique, celle à qui des pentes douces, un large sommet, donnent à peu près l'aspect d'une cloche énorme, c'es le Thabor; elle réalise plus exactement que toute autre le type palestinien.

Seule, la montagne des Francs, appelée par les Arabes El Fureidis (le Paradis), et par les anciens l'Hérodion, est, de tous côtés, aussi parfaitement semblable à elle-même, ou l'est plus encore; mais on sait qu'Hérode le Grand y avait fait de grands travaux pour s'y créer au besoin une retraite imprenable. C'est une montagne régularisée, rectifiée de main d'homme. Le Thabor est une montagne naturelle et paraît avoir porté toute une ville à l'époque de Jésus-Christ. Aussi M. Stanley a-t-il démontré que la tradition s'est trompée en appliquant au Thabor, ce qui est dit dans les Evangiles de la transfiguration; c'est le Mont Hermon que les évangélistes ont voulu désigner. Un couvent et une église grecque s'élèvent sur le plateau; ils sont décorés avec un certain luxe, mais sans goût. Une chapelle catholique s'y trouve aussi; elle était fermée, et l'on nous apprit qu'elle s'ouvre une fois par an seulement, le jour où l'Eglise romaine célèbre la fête de la Transfiguration.

Une particularité remarquable du Mont Thabor c'est que ses flancs sont revêtus d'une végétation vigoureuse. Il y a là des chênes à très-gros glands (Quercus Ægylops) et

sous ces beaux arbres touffus, un fouillis de
broussailles enchevêtrées, très-peu commun
en Palestine. Aussi la tradition, ingénieuse
à tout mettre en œuvre, a-t-elle imaginé que
Caïn, le premier meurtrier, s'était caché dans
ces fourrés et y avait longtemps erré comme
une bête fauve. D'autres légendes affirment
que les deux frères s'étant partagé le monde,
aucun des deux ne trouva sa part assez grande;
ils se querellèrent sur une question de recti-
fication de frontières. Qui se serait attendu
à voir intervenir la politique entre les deux
premiers frères? L'innocent Abel est accusé
d'avoir secrètement déplacé une borne. Justement irrité, son frère la lui lança à la tête
et le tua. Ce meurtre étonna prodigieusement
le meurtrier lui-même, car jusqu'à ce jour,

> Personne n'était mort; la flamme de la vie
> Vacillait par moment et ne s'éteignait pas.

Embarrassé du cadavre, Caïn le souleva par
les pieds, en prit les jambes à son cou et, le
portant renversé sur son dos, courut le monde
cinq cents ans avant de trouver un moyen

de s'en défaire. Evidemment le premier homicide manquait d'esprit. Au bout de ce demi-millier d'années il vit deux oiseaux de proie se livrer un combat acharné où l'un des deux succomba; le vainqueur, scrupuleux observateur d'un rite encore pratiqué dans les funérailles des Juifs et d'autres Orientaux, lava dévotement, dans l'eau d'un torrent, les restes mortels de sa victime, après quoi il les enterra. Ainsi averti de ce qu'il devait faire, Caïn lava et inhuma le corps d'Abel. Légende confuse où l'on peut entrevoir, naïvement exprimée, cette vieille vérité que le remords d'un crime pèse longtemps sur la conscience du coupable.

Quant à nous, tout ce que nous avons vu errer sur les pentes du Thabor, ce sont des Bohémiens dont le campement était très-pittoresque. Ces nomades étaient industriels à leur façon ; ils faisaient des tapis. C'était chose étrange que de voir sur le sol, à peine déblayé, une longue bande formée de fils très-forts qui sont la chaîne du tapis. Deux femmes couchées à plat ventre sur la terre ourdissaient la trame. Pour les préserver du soleil, pendant leur travail, un léger toit mobile, en étoffe de poil de chameau, était dressé obliquement sur des bâtons, à peu près comme l'écran qui préserve les sentinelles anglaises à Gibraltar. Elles transportent ce toit portatif de distance en distance, à mesure que leur ouvrage avance. Autour d'elles jouaient des enfants, absolument nus. Elles portaient de longues robes en coton bleu ou rouge ; leur menton était tatoué de bleu et leurs lèvres entièrement bleues, ce qui est un usage général, dans le pays, et les enlaidit étrangement. Elles portaient sur chaque joue et sur le front ces gros bourrelets de pièces d'argent, souvent européennes, que nous avions vus partout en Syrie. Ce mélange singulier de sauvagerie et de civilisation chez des hordes nomades, étonne le voyageur. Une manufacture de tapis en plein champ, un atelier de tissage qui se déplace perpétuellement, le long de la chaîne, à mesure que la trame est faite, voilà un système assurément fort éloigné de nos mœurs industrielles; mais il a un avantage : il est certainement plus sain que le travail de nos fabriques à huis clos.

Je ne rappelerai que pour mémoire la bataille du Mont-Thabor, l'arbre sous lequel se tenait, dit-on, le général français, la vieille femme qui a vu de ses yeux le héros, et les bénévoles professeurs de stratégie qui expliquent sur les lieux, comme Sosie sur la paume de sa main, l'emplacement occupé par les deux armées et les divers corps de troupes dont elles se composaient.

Je ne m'arrêterai pas à parler longtemps de Nazareth. Après les vives impressions que m'avaient laissées le lac de Tibériade et ses rivages, ce n'est pas sans désappointement que j'ai vu les mesquines, les plates inventions des moines, dans cette ville où Jésus a vécu trente ans, et où même, selon une opinion souvent soutenue, il était né. On y montre deux églises de l'Annonciation, l'une grecque, l'autre latine. Selon que vous êtes *orthodoxe* (gréco-russe) ou *catholique* (romain), vous êtes prié de croire que l'un ou l'autre de ces édifices est bâti sur l'emplacement même de la maison de Marie. On vous montrera l'endroit précis où elle se trouvait au moment où l'Ange la salua, et la place non moins précise qu'occupait Gabriel, le messager céleste.

Dans l'Eglise des latins on voit, de plus, un objet assez étrange qui a passé longtemps pour miraculeux. Une colonne faite de trois morceaux a été brisée, probablement par quelque tremblement de terre, ou peut-être, comme on le prétend, dans un des siéges que la ville a soutenus: le milieu du fût manque ; le soubassement et le tiers inférieur du fût sont à leur place; l'autre tiers et le chapiteau restent suspendus à la voûte. Il est vrai que ce tronçon aérien n'est plus bien solide et qu'on l'a raffermi avec un gros crampon de fer, très-visible. C'est probablement depuis ce temps que cette colonne a passé à l'état de simple *curiosité*. Elle a été pendant longtemps montrée par les moines à titre de miracle.

Cet ex-miracle, et les places où se tenaient

debout Marie et l'Ange, se voient dans une grotte ou crypte, au-dessus de laquelle est bâtie l'église des Franciscains. Elle est décorée avec le goût le plus pitoyable. Sur des rideaux d'étoffe à mille raies rouges et jaunâtres sont accrochés fort haut deux anges en bois peint, de grandeur naturelle, qui font semblant, fort gauchement, de soutenir un mauvais tableau représentant la *Salutation angélique.* Des oripeaux misérables, des objets absolument étrangers à toute espèce de sentiment de l'art, mais prétentieux et bizarres, ornent cette Eglise fameuse et les trois grottes sur lesquelles elle est construite. J'admire les splendides voûtes gothiques de Saint-Ouen à Rouen ; je comprends l'immensité et l'imposante magnificence de la basilique de Saint-Pierre à Rome ; je sens très-bien la poésie d'une pauvre église de village ; mais le luxe indigent et maladroitement tapageur des églises de Palestine a quelque chose d'irritant. Oh ! que le rocher nu serait plus éloquent ! La pauvreté même serait touchante ; mais ce clinquant fané et ces lamentables peintures n'inspirent qu'une pénible répugnance.

On montre encore à Nazareth ce qu'on appelle le *Mont de la Précipitation*, d'où les compatriotes de Jésus, offensés de ses doctrines, voulurent le faire tomber ; on ne sait pas bien quel endroit l'évangéliste a désigné ; mais il est hors de doute que ce ne peut être celui-là. — Un seul objet paraît authentique comme souvenir de l'époque du Christ à Nazareth ; c'est la source qu'on appelle *Fontaine de la Vierge* et qui est indispensable à la ville, où l'eau manque.

Nazareth, ignorée de l'Ancien Testament et de Josèphe, l'historien, est aujourd'hui florissante. Presque entièrement chrétienne, très-fréquentée par les pèlerins et les touristes, elle attire à elle, peu à peu, les populations d'autres villes où la sécurité fait défaut, parce qu'elles sont trop exposées aux invasions des Bédouins pillards. Telle est Beit-sân (l'antique Scythopolis). Nazareth, placée à mi-côte, serait plus difficile à surprendre, et les dévastateurs n'osent monter jusque-là.

Aussi peut-on dire de cette ville qu'elle a de l'avenir.

Après en être sortis, nous rencontrons, sur notre chemin, au moins quarante femmes de tout âge, chargées d'énormes fagots de ramée qu'elles sont allées couper dans la campagne à plus d'une heure de Nazareth. C'est pour elle l'unique moyen de se procurer du combustible. C'est un spectacle assez curieux que ce long défilé de femmes et de jeunes filles, portant sur leurs têtes ces fardeaux moins lourds qu'encombrants, plus longs et plus gros qu'elles. Leurs têtes s'encadrent d'une façon pittoresque dans les branchages et les feuilles vertes. Leurs longues robes qui tombent tout droit, leurs bras nus jusqu'à l'épaule, qui soutiennent sur leurs têtes les rameaux entrelacés, leur donnent une ressemblance frappante avec certaines cariatides grecques.

Plus loin nous trouvons sur notre sentier des groupes d'hommes, de femmes, d'enfants, tous parés de leurs plus riches atours, qui se rendent en grand nombre à une noce. La plupart des femmes sont en robe rouge; et les lourds boudins de pièces d'argent qui encadrent leurs figures ne sont pas, comme aux jours ordinaires, enveloppés dans des sacs de toile.

Le Carmel est un cap, à l'extrémité d'une baie arrondie. La montagne, avec la petite ville de Kaïfa à ses pieds, avance dans la mer, en face de la pointe où est bâtie une ville qui de là paraît toute blanche et qui fut quelque temps la capitale des Croisés, Ptolémaïs, Akka ou St-Jean-d'Acre. A gauche s'étend sans fin la Méditerranée, dont les eaux brillent au soleil, bleues comme le ciel; à droite le golfe avance dans les terres en suivant une courbe gracieuse. En face, à droite, à gauche, les montagnes du Liban, de l'Antiliban, de l'Hermon. Cette vue est splendide, et les terrasses du couvent bâti au sommet du Mont sont un séjour délicieux. Un lieu si privilégié a du être de tout temps, en ces parages, le centre d'un culte.

Le nom de Carmel (parc de Dieu) signifie le plus beau parc du monde, les juifs, le peuple théiste par excellence, ayant fait du nom de Dieu comme un superlatif d'admiration. Pythagore y était venu adorer l'écho. Le Carmel tient une grande p'ace dans l'histoire du plus grand des prophètes du Nord, Elie. Plus tard, Vespasien y offrit un sacrifice et Tacite en fait mention. De nos jours le couvent, ou tout au moins l'église ont été entièrement reconstruits, et il faut admirer la persévérance et la force de volonté d'un moine, le frère Baptiste, qui a couru l'Orient et surtout l'Occident quêtant pour rebâtir Notre-Dame du Mont-Carmel et y a réussi. Malheureusement il a fait barbouiller impitoyablement de jaune et de bleu l'intérieur de l'édifice, et il y a laissé mettre des pilastres accouplés deux à deux sous un seul chapiteau de manière à révolter le goût le moins exigeant. Notre-Dame du Mont-Carmel est l'objet d'une vénération toute particulière et nous avons vu son image habillée de bijoux et de riches étoffes couvertes de broderies de soie et d'or aux couleurs éclatantes, qui ont été, dit-on, en grande partie envoyées de Paris.

Les Carmes et les Carmélites tirent comme on le sait, leur nom, de ce lieu. Ils ont une prétention historique qui mérite d'être signalée, parce qu'elle recèle, comme la plupart des légendes, des traces de vérité. Cet ordre se croit le plus ancien de tous les ordres chrétiens ; il prétend dater, non pas de Jésus et des Apôtres, mais du judaïsme, il se dit fondé par Elie et se plaît à remonter même à Samuel. Ce qu'il y a de vrai, c'est que Samuel organisa des écoles de prophètes, qui sont fort peu connues, mais étaient certainement importantes ; c'est qu'Elie se trouva à la tête de nombreux disciples, appelés *fils des prophètes* et qu'il séjourna plus d'une fois au Carmel. Assurément ses élèves n'étaient pas des moines catholiques. Assurément Jésus-Christ ne fut pas plus moine que prêtre, vécut et mourut laïque et rien n'est moins monacal que ses enseignements. Mais il est certain aussi que longtemps avant le christianisme, et dans des religions diverses, le monachisme a toujours été en faveur dans l'Asie, pour bien des motifs auxquels le climat

n'est nullement étranger. L'esprit des ana-
chorètes et des cénobites, quoique absent du
Christianisme primitif, quoique opposé, sous
bien des rapports, au genre de vie que Jésus
fit mener à ses disciples au milieu du monde,
se fit jour peu à peu dans la chrétienté et finit
par l'envahir.

On peut comparer les religions qui se
succèdent dans un même pays à l'écriture
de ces manuscrits que les érudits ont nommés
palimpsestes. Souvent au moyen-âge, quand
les copistes manquaient de parchemin, ils
effaçaient, par des lavages ou des enduits,
ce qui était écrit sur les feuillets de quelque
vieux livre et ils écrivaient des pages nou-
velles par dessus les anciennes; mais avec
le temps leur encre a pâli; l'ancienne écriture a percé sous l'enduit usé; et c'est ainsi
qu'on peut lire des fragments d'une comédie
de Ménandre *à travers* un sermon de Saint-
Augustin. Quelquefois même si les deux écri-
tures diffèrent peu, elles s'enchevêtrent de
telle sorte qu'il est mal aisé de ne pas les
confondre. De même, toutes les fois qu'une

religion en supplante une autre, il arrive tôt
ou tard que celle qu'on croyait effacée reparaît au sein même de la religion nouvelle,
la pénètre, la modifie, y reprend et y
exerce quelque chose de son ancien prestige.
Cela est vrai partout, et le Liban et la Galilée en offrent surtout des exemples. Toutes
les religions sont plus ou moins palimpsestes,
et il y a bien des rites, bien des dogmes,
bien des institutions qui remontent beaucoup
plus haut qu'on ne croit; en ce sens les
moines du Mont-Carmel n'ont nullement tort
de dire que, sinon leur ordre, au moins l'institution monacale, en Syrie, est fort anté-
rieure au Christianisme.

Mais ce n'est pas tout; si les religions du
passé percent dans celles du présent, il se fait
aussi une réaction en sens inverse. Par igno-
rance le plus souvent, ou par crédulité, et
quelquefois par calcul, les cultes nouveaux
assimilent rétrospectivement la foi et les
images du passé aux leurs. Qui n'a vu ces
peintures naïves où un grand prêtre juif,
habillé en évêque, bénit, devant un autel

chargé d'images, le mariage de la Vierge et
de Joseph, tandis que la bénédiction nuptiale
n'existait point chez les Juifs? On sait qu'un
peintre du moyen âge a représenté Jésus et
les deux larrons assistés au Calvaire par des
moines, le crucifix à la main, et Salvator
Rosa, dans sa satire sur la peinture, se
moque d'un artiste qui avait représenté Marie,
au moment où l'Ange va lui apprendre qu'elle
enfantera le Sauveur, disant ses heures devant un crucifix. Les moines du Carmel font
mieux encore. Deux grandes inscriptions sur
des plaques de marbre à droite et à gauche de
l'entrée attestent qu'en ce lieu, le culte de la
Vierge-Mère fut célébré bien des siècles avant
de l'être partout ailleurs, bien des siècles
même avant qu'elle naquît. Voici comment
on est arrivé à ce paradoxe un peu trop hardi.
On affirme généralement qu'Ésaïe a prophé-
tisé la naissance miraculeuse du Christ. Les
prophètes savaient donc le fait à l'avance ; le
sachant, ils ont dû *adorer ce mystère*, et
voilà le culte d'hyperdulie, que l'Eglise catholique rend à la Vierge, reculé de bien des

siècles. Voilà des Juifs rétrospectivement initiés à un culte que pour divers motifs ils n'eussent jamais accepté. Voilà comment les cultes établis essaient de refaire le passé à leur image et plongent dans le temps écoulé, des racines imaginaires pour se rendre plus solides ou plus vénérables. Ce n'est plus l'ancienne écriture qui reparaît, c'est cette écriture qui est surchargée par la nouvelle. Il appartient aux historiens et aux critiques de réagir contre ce double entraînement. Ils ne doivent jamais oublier qu'entre deux religions successives s'opère, malgré qu'elles en aient, une sorte de pénétration réciproque, la plus ancienne envahissant la nouvelle et celle-ci falsifiant l'autre naïvement ou de propos délibéré; à peu près comme les physiciens voient deux liquides de densité différente, séparés par une membrane, se substituer l'un à l'autre.

A vrai dire, comme on l'a très-bien observé de nos jours, il n'y a jamais eu au monde qu'une seule religion qui est l'aspiration de l'homme vers l'infini; cette religion variée et développée de mille manières, atteignant peu à peu un haut degré de pureté morale, a été souvent pervertie et mise au service des ignorances les plus brutales ou des perversités les plus raffinées.

Dans cette histoire universelle de la religion qui est encore à faire, et dont les savants et les voyageurs modernes rassemblent les matériaux, je suis convaincu que le moment décisif, le point culminant du passé et la source des progrès à venir, le passage du crépuscule au jour, ou de l'enfance religieuse et morale à la virilité, c'est et ce sera toujours la vie et la mort, l'enseignement et l'exemple de ce Maître incomparable, Jésus, qu'on a appelé dédaigneusement d'un nom pour nous significatif et plein d'attrait : le Galiléen.

FIN.

TABLE DES MATIÈRES

Pages.

Un mot d'introduction........................... 5

I. Coup d'œil d'ensemble sur la Galilée......... 12

II. Banias..................................... 19

III. De Tell-el-Kadi à Safed................... 41

IV. Le lac de Génézareth, Tibériade et Capernaum 65

V. Le Thabor, Nazareth et le Carmel........... 82

PARIS. — TYPOGRAPHIE TOLMER ET ISIDOR JOSEPH
rue du Four-Saint-Germain, 43.

sœur A.-J. Fraisse de la Visitation. Seconde édition, refaite sur de nouveaux documents. 1 vol. in-8. 1869.................. 8 fr.

Lettre pastorale aux membres libéraux de l'Église réformée de Paris. In-8. 1875. 1 fr.

Libres Études. Religion, critique, histoire, beaux-arts et voyages. 1 vol. in-8. 1868. 5 fr.

Libres Paroles d'un assiégé. Écrits et discours d'un républicain protestant pendant le siége de Paris. 1 vol. in-12. 1871. 2 fr. 50

Notre Père. Étude de la Prière enseignée par Jésus - Christ. Dix sermons. 1 vol. in-12.................... 2 fr.

Pourquoi la France n'est-elle pas protestante? Br. in-8. 1866. 2ᵉ édition.......... 1 fr.

Précis de l'histoire de l'Église réformée de Paris, d'après des documents en grande partie inédits. Première époque, 1512-1594. 1 vol. in-8. 1862............. 4 fr.

Des Premières Transformations historiques du christianisme. 1 vol. in-12. 1869.......... 2 fr. 50

Quelle était la religion de Jésus?
Sept discours prononcés en 1872 et 1873, dans
la salle Saint-André. 1 vol. in-18. 3 fr. 50

Rembrandt et l'individualisme dans
l'art. Conférences faites à Amsterdam, Rot-
terdam, Strasbourg, Reims et Paris. 1 vol.
in-18, titre rouge et noir. 1869... 2 fr. 50

La Saint-Barthélemy. Br. in-8.
1859........................... 75 c.

Sermons et Homélies. 2 vol. in-12. 1855
et 1858............................. 7 fr.

Trente années de pastorat. Sermon
prononcé dans la salle Saint-André le 26 octobre 1873. In-18................ 75 c.

Trois Sermons prêchés à Nîmes, à Mont-
pellier et à Alais, en mai 1862. Brochure
in-12. 1862 .... 1 fr. 25

Voltaire. — Lettres inédites sur la tolérance,
publiées avec une introduction et des notes
(Calas. — Sirven. — Les Galériens protestants. — Marthe Camp. — Le Passe-port du
ministre Moultou. — Rippert de Montclar).
1 vol. in-12. 1863............... 3 fr. 50

4175.—Paris.— Imp. Tolmer et Isidor Joseph, 43, r. du Four-St-G.